Zahnmedizin

Satz: OK Satz GmbH, Unterschleißheim
Druck: Dr. Cantz'sche Druckerei, 73760 Ostfildern
Bindearbeiten: Sigloch Buchbinderei, Künzelsau
2 3 4 5 97 96 95 94
Auflage Jahr
(jeweils erste und letzte Zahl maßgeblich)

ISBN 3-8231-0075-0

Zahnmedizin

Ein fröhliches Wörterbuch für Dentisten, Kieferorthopäden, Zahnmedizin-Studenten, Zahntechniker und alle, die sich mehr oder weniger gerne auf den Zahn fühlen lassen.

Von Dr. med. dent. Hans Jürgen Gahlen
und Dr. med. dent. Olaf Leitinger
mit Zeichnungen von Nik Ebert

TOMUS

Abdruck

A

Aaba-morgana-Kelch Steht alphabetisch vor der Fata-morgana-Oase, ist im Gegensatz zu ihr aber keine Sinnestäuschung, sondern der in jeder Zahnarztpraxis zu findende Beweis für die Tatsache, daß man sogar einen Schleifkörper zum Polieren von Zahnfüllungen in die fachchinesische Geheimsprache aufnehmen kann, damit der Patient nicht die allerblasseste Ahnung, aber den allergrößten Respekt hat.

Abdruck Kann von Zähnen in Abdruckmasse hinterlassen werden. Ist von Inhalten dieses Buches – siehe Impressum – nicht ohne weiteres statthaft. Zuwiderhandelnden würde (im Gegensatz zu den Lesern dieses Buches) das Lachen schnell vergehen. Weil man nicht auf anderer Leute Kosten lacht.

Abdrucklöffel Durch Hautreizung auftretende Hautverfärbung. Stellt sich ein, wenn es etwas hinter die Löffel gegeben hat. Auch als depressiver Gemütszustand geläufig, nachdem jemand, der glaubte, die Weisheit mit Löffeln zu sich genommen zu haben, gründlich über den Löffel balbiert worden ist.

Abdruckmasse Manuskriptflut, die vom Ressortleiter redigiert wird, bis sie zum Abdruck geeignet ist.

Aborigines Ureinwohner Australiens, biologisch anderen Menschenrassen voraus, da sie vier Zähne mehr, nämlich 36, besitzen. Gehen trotzdem nie zum Zahnarzt. Sind auch sonst den in der Zivilisation lebenden Hominiden deutlich überlegen, da sie Fährten lesen, besser sehen und hören können, telepathische Fähigkeiten besitzen und für die Jagd

	das Recycling-Modell des Bumerangs entwickelt haben. Hier verpulvert der sogenannte zivilisierte Mensch, um zum Erfolg zu kommen, in der Regel mehrere Patronen, deren Geschosse er danach nicht mehr verwenden kann.
Abtswind	1. Gemeinde in Unterfranken. 2. Unkontrollierter Angstlaut eines Klostervorstehers bei der Zahnarztbehandlung.
Affenzahn	Beschleunigungsstufe, die besagte Tiere einschalten, um in der Savanne dem Löwenzahn zu entgehen.
Amalgam	Material für Zahnfüllungen. Legierung aus Silber, Zinn und Quecksilber. Schon in frühen chinesischen Kulturen benutzt. Nachdem sich im letzten Jahrzehnt die Zahl der Scheintoten (siehe dort) deutlich erhöht hat, ist Amalgam wegen angeblich schädlicher Nebenwirkungen erneut in die Schlagzeilen geraten. Trotzdem gilt es nach wie vor als ideales Füllmaterial, und zwar 1. bei Zahnärzten für hohle Zähne, 2. bei Regenbogenjournalisten für das Sommerloch.
Amorbogen	Gerät zum Abschuß von Pfeilen, die Menschen beiderlei Geschlechts und jeder Altersklasse treffen. Wer vom Amorpfeil zur Strecke gebracht wurde, unterliegt einer abrupten Verhaltensänderung, u. a. dadurch, daß er eine vorher völlig fremde Person mit Geschenken überhäuft, ständig an sich drückt und küßt und sogar mit ins Bett nimmt. Klingen die Symptome nach einiger Zeit ab, spricht der Psychoanalytiker von einem Abenteuer. Werden sie unheilbar chronisch, nennt er es eine glückliche Ehe.

Affenzahn

Ausschlag

Apfelpflückzange	Dem Ernten von Spalierobst dienendes Gerät.
Ausschlag	Verlust eines Zahnes oder mehrerer durch Fremdeinwirkung, meist mit der Faust. In der Regel hervorgerufen durch Boxer, Catcher oder Eishockeyspieler, aber auch durch dafür nicht lizenzierte Personengruppen wie Rausschmeißer, eifersüchtige Ehemänner oder unachtsam gestikulierende Fremdenführer. Nur beim erstgenannten Personenkreis strafverfolgungsfrei.

B

Backentaschen	Beweisstücke aus der Gastronomie, daß man mit Ideen Geld machen kann. Backentaschen werden in Nobelrestaurants kredenzt, sind mit den allseits beliebten schwäbischen Maultaschen identisch, nur muß man für sie in den bezeichneten Lokalitäten den Namen extra bezahlen.
Backenzahn	Von Wach- und Polizeihunden in die Sitzfläche flüchtender Straftäter eingebrachtes Beißwerkzeug. Wird als sehr schmerzhaft empfunden und behindert das weitere Fortkommen.
Bader	Vorläufer des Zahnarztes. Im Mittelalter Betreiber einer Badestube (eines Badehauses), der die Badenden bediente, frisierte und zur Ader ließ, also schröpfte. Stammesgeschichtliches Zwischenglied vom Bader zum Zahnarzt war der Barbier (Friseur). Er riß (zog) auch Zähne. Das tut der Zahnarzt heute auch noch. Aber er frisiert nicht mehr. Dafür hat er das Schröpfen in besonderer Weise kultiviert. Bei Kassen und Privatpatienten.

Bajonetthebel	Vorrichtung an Kameras mit Wechselobjektiven, um den Bajonettverschluß zu öffnen. Sofern der Verschluß klemmt, schafft die Bajonettzange Abhilfe.
Bäckerkaries	Berufskrankheit, die aber auch für diesen Beruf nicht Berufene befällt. Beweis dafür, daß der Hang zum süßen Leben an die (Zahn-)Substanz geht. Merke: Man soll seinem Affen nicht ständig Zucker geben.
Behandlungsstuhl	Für Patienten bestimmtes Sitzmöbel in Zahnarztpraxen, trotz guter Polsterung gefürchtet und auch Mißhandlungsstuhl genannt. Unzutreffende Formulierung, da auf dem Behandlungsstuhl auch männliche Patienten Platz nehmen.
Beinscher Hebel	Besser Wurzelheber. Rohes, seit einiger Zeit im Profifußball zu beobachtendes Foul, trotz des Namens nicht mit Nationalspieler Uwe Bein in Verbindung zu bringen. Vielmehr wird hierbei, um den Gegenspieler von den Beinen zu hebeln, ein auch von mathematisch unbedarften Kickern perfekt beherrschtes Wurzelziehen praktiziert.
Biß	Mit den Zähnen erfolgendes Zupacken, das (je nach der Wortzusammensetzung) sehr unterschiedliche Bedeutung haben kann: 1. Aufbiß, Gegenteil von Zubiß, also Nichtbiß. 2. Deckbiß, bei Tieren (z. B. Hühnervögeln) vom männlichen Partner bei der Paarung praktiziert. 3. Kopfbiß, von der Kopflaus vorgenommene Öffnung der Epidermis zum Saugen von Kapillarblut. 4. Lutschbiß, kann durch Hinterlassen von Knutschflecken mitunter peinliche Folgen haben.

Behandlungsstuhl
ODER SIND SIE PRIVAT VERSICHERT?

Bißgabel	Eßbesteck, das der Zuführung eines Gabelbissens dient.
Bohrerbad	Von Zahnärzten zum Zweck der Gesundheitsvorsorge aufgesuchter heilklimatischer Kurort.

C

Chopper	Zahnarztpraxendämon, auch Waschbeckenkobold. Nach Meinung führender Parapsychologen der Echo, einer Nymphe des griechischen Mythos, verwandt. Aus der Sicht von Realisten der nicht real existierende Beweis dafür, daß man Geister, die man rief, oft nur sehr schwer wieder los wird.

D

Desensibilisierung	Abbau der Sensibilität, des Feingefühls, wird von einigen privaten Fernsehsendern sukzessive betrieben, um Menschen soweit zu bringen, daß sie Szenarien zur Kenntnis nehmen, die ihnen vordem einen Schauer über den Rücken gejagt hätten. Dauerkonsumenten solcher Sendungen sind dabei einem kontinuierlichen Sinneswandel unterworfen, der von der Scharfsinnigkeit zum Schwachsinn führt und im Stumpfsinn endet.
Devitalisierung	Eunuchentrauma.
dish-face	Tellergesicht. Erwartungsfrohes Mienenspiel eines Hungrigen, der dem gefüllten Teller entgegensieht.
Django	Pseudonym für Dr. G. W. Will(z)umei(s)t (die Umwelt frohgelaunt stimmen). Nicht nur Sege-, sondern vom

Chopper

Mutterwitz her auch Schlauberger, Träger des humoristischen Weisheitszahns. Verhilft Menschen durch Doppelberufung zu strahlendem Lächeln und fröhlichem Lachen, a) als Zahnarzt, b) als Profi in der Bütt.

Doktorspiele

In der Stummfilmzeit kriminelle Praktiken des Dr. Mabuse. Im Fernsehzeitalter Serien mit Ärzten als Hauptdarsteller, wobei die Berufsgruppe der Zahnmediziner bisher ganz und gar unterrepräsentiert blieb. Als Minimalausgleich eingestreute Werbespots vermitteln dabei lediglich einen sehr lückenhaften Einblick in den Alltag eines Zahnarztes, da nur andeutungsweise zu erkennen ist, was er seiner Familie gibt, während man ihn andererseits zwingt, ungeachtet der Jahreszeit ständig grünschalige Äpfel zur kostenlosen Selbstbedienung der Patienten parat zu halten.

Dreieckslappen

Unter dieser Bezeichnung nicht markt- und umsatzfähig, daher in Tanga umbenannte Minimalbekleidung attraktiver Badenixen.

Dreizinker

1. Poseidons-, Neptuns- oder Teufelsgabel.
2. Spitzel, der drei Ganoven auf einmal verpfeift.
3. Falschspieler, der statt einem drei Asse im Ärmel hat.

Druckknopfanker

Kugelförmige Auswulstung eines 1885 von H. Bauer erfundenen zweiteiligen Kleiderknopfes. Dient dazu, Teil eins in Teil zwei zu verankern.

Druckstelle

1. Standort der Rotationsmaschine in Zeitungshäusern.
2. Reizpunkt(e) bei schlecht sitzenden Drittzähnen.
3. Kanzlei des für den Zahnarzt tätigen Juristen, der bei säumigen Selbstzahlern Druck ausüben muß, die längst fällige Rechnung zu begleichen.

Doktorspiele

E

Einzelkrone	Einem Monarchen als Symbol seiner Würde verliehene Hauptzier. Bei der Doppelkrone ist auch die Ehefrau des Monarchen einer solchen teilhaftig, bei der Dreifachkrone sogar der Prinzregent.
Extraktion	Ziehen eines Zahns. Durch Sprachverschluderung entstanden aus dem Doppelwort Extra-Aktion, weil sich häufig herausstellt, daß ein zuvor bereits behandelter Zahn am Ende doch noch gezogen werden muß und somit ein zusätzliches Honorar bringt. Die Extra-Ration.

F

Fangzahn	Bitte-hasch-mich-Puppe.
Faulecke	Auch Nichtstuernische. Wird bevorzugt von Scheintoten (siehe dort) aufgesucht.
Fehldiagnose	Feststellung des Zahnarztes, wieviele Zähne einem Patienten fehlen und daher ersetzt werden müssen.
Frankfurter Horizontale	Von Insidern gehandelter Code für ein in der Mainmetropole an- und abrufbares Playgirl.
Frühkontakt	Intime Beziehung in den Morgenstunden.
Frustration	1. Verschreibungspflichtige, vom Arzt in ihrer Dosierung (Ration) festzulegende Medikation bei Enttäuschungssymptomen über entgangenen Lustgewinn. Hier wird bei Zahnverlust in der Regel die Rotlichtbehandlung (siehe dort) verordnet.

Einzelkrone

Gegenanzeige
§

2. Den Zahnärzten nach der Gesundheitsreform verbleibende Ration an Honoraren, die bei den Betroffenen Frust weckt, weil sie kaum ausreicht, den eigenen Lebensunterhalt, die regelmäßigen Einkaufsflüge der Ehefrau in die Modezentren der Welt (Paris, London, New York) sowie die Lohnkosten für Chauffeur, Köchin, Gärtner und Putzfrau sicherzustellen. Viele Zahnärzte mußten aufgrund dieser Entwicklung auf den Drittwagen verzichten und sind beim Erstwagen von Jaguar auf im Inland produzierte Fahrzeuge ohne Edelholz-Armaturenbrett umgestiegen. Ein weiteres Frustmerkmal ist dadurch bedingt, daß der Zahnarzt abends nicht mehr soupieren, sondern nur noch essen gehen kann.

Fußanlasser Kickstarter bei motorgetriebenen Zweirädern.

G

Gegenanzeige Legales Mittel der Zahnärzte, zur ansonsten strikt untersagten bezahlten Eigenwerbung zu gelangen. Wenn ein unerwarteter Konkurrent per Inserat verkündet, er werde demnächst eine Praxis eröffnen, kann der bereits etablierte und nun um seinen Kundenstamm bangende Zahnarzt mit der Gegenanzeige kontern, er sei aus dem Urlaub zurückgekehrt und halte die Behandlungsräume ab sofort wieder geöffnet.

Gelenkmäuse 1. Von Computerspezialisten bediente handliche Geräte, mit denen auf dem Bildschirm der Cursor gelenkt wird.
2. Geld, das jemand aus dem Handgelenk schüttelt.

Geruch
NIK

Geruch	Wenn aus dem Mund kommend, grammatikalisch Nominativform. Als Komparativ gelten die Gerüche, als Superlativ die Gerüchte.
Gesichtsbogen	1. Profilverlauf bei einem Eierkopf. 2. Umweg, den jemand nimmt, um einem auszuweichen, dessen Gesicht er nicht ausstehen kann.
Giftzahn	Keifweib, vom Umweltminister steckbrieflich gesucht, da es nicht nur jedes Klima, sondern auch permanent die Atmosphäre vergiftet.
Gold	Chemisch resistentes Edelmetall, im Wert börsenkursabhängig, teils auch Währungsgrundlage. Von Frauen (und Nebenfrauen) spendabler Höchststeuersatzzahler reichlich am Körper, früher meist sichtbar im Mund getragen. In den „goldenen Zwanzigern“ (daher der Name) war auch für den (die) mäßig situierte(n) Mittvierziger(in) der goldene Eckzahn oder die goldene Zahnecke Statussymbol. In diesem Zusammenhang wird fälschlicherweise von Zahngold gesprochen, wobei man Zusammenhänge mit der Alchimie außer acht läßt, deren Ausüber vergeblich versuchten, die unterschiedlichsten Stoffe in Gold umzuwandeln. Dabei wurden aber nur das zerbrechliche Porzellan oder das explosive Schwarzpulver erfunden. Die Geheimbruderschaft der Zahnärzte (daher Zahngold) muß jedoch ein Verfahren entwickelt haben, das Edelmetall in größeren Mengen zu gewinnen, weil der unvermindert steigende Lebensstandard dieses Personenkreises trotz drastischer Kürzungen der ohnehin karg bemessenen Honorare sonst nicht plausibel zu erklären ist.

Gotischer Bogen	Kriegs- und Jagdwaffe germanischer Volksstämme, diente zum Verschießen der gotischen Pfeiler.
Grimm	Einer (oder der andere) von zwei Brüdern (Vorfahren aus Grimmelshausen stammend), märchenhafte Sprachwissenschaftler, die den Eigennamen im medizinischen Bereich auch sprachschöpferisch umsetzten: z. B. Grimmen für Bauchweh, Grimmdarm für Dickdarm oder grimmen für ärgern, etwa über Zahnschmerzen.
Gummisauger	1. Flaschenkind. 2. Bodenreinigungsgerät in Reifenfabriken. 3. Perfekt haftender Hochgeschwindigkeitsreifen.
Gurgellösung	Aufknöpfen des klassischen London-Kragens bei Herrenhemden.
Gutachter	Deutschland-Achter, häufig in Medaillenränge fahrendes Ruderboot.

H

Haarzunge	Vom aufgebrachten Gast dem Geschäftsführer eines Speiselokals vorgezeigt, wenn ein Haar in der Suppe war.
Habichtschnabel	Mundwerkzeug eines zänkischen Weibes, von dem der Ehemann sagt, es hacke dauernd auf ihm herum.
Haftmittel	Zeitpunkt, zu dem ein Einsitzender die Hälfte der Strafzeit verbüßt hat.
Haftpulver	Geringentlohnung, die ein arbeitstherapeutisch beschäftigt Inhaftierter erhält.

Haftmittel

Herderkrankung

Hakenbüchse	Behältnis, in dem der Bader (siehe dort) Geräte zum Ziehen der Zähne aufbewahrte. Von frankophilen Zeitgenossen auch *Arquebuse* genannt, obwohl es sich dabei um ein hochprozentiges Kräuterreindestillat handelt.
Heil- und Kostenplan	Vom Zahnarzt aufgestellter Behandlungsplan, der dem Patienten Heil verschafft, wobei der Zahnarzt auf seine Kosten kommt.
Henkeltopfaufnahme	Auch Henkelmannfüllung. Eingabe einer warmen Mahlzeit in ein dafür bereitgehaltenes Gefäß.
Herderkrankung	Im Frühstadium Hypermanie allzu fürsorglicher Frauen, die ständig für Familienmitglieder, Verwandte, Freunde und Bekannte kochen, braten und backen. Führt zu Morbus Koch, dem Berufssyndrom von Küchenangestellten und -arbeitern.
Hirtenstab	Freudenspender bei den von Adligen in der Zeit des Rokoko geschätzten Schäferspielen, damals aufgrund seiner vereinigenden Wirkung auch Bindeglied genannt.
Hofzahnarzt	Ambulant tätiger Dentalmediziner, der auch auf abgelegenen Gehöften und bei Einödbauern Zahnbehandlungen vornimmt.
Honorar	Ausdruck aus der halbakademischen Umgangssprache, gebildet aus dem lateinischen *Honor* (Ehre) und der Flächenbezeichnung *Ar*. Sogenanntes Ehrenspielfeld, Tennisplatz oder Miniaturgolfanlage neben der Zahnarztvilla, wo zu spielen nur der Zahnarzt, seine Ehefrau und einige wenige handverlesene Bekannte aus dem lokalen Geldadel die Ehre haben.

Injektion

I

Implantation	Pflanzen von Stecklingen in einer Plantage.
Injektion	Einspritzung. Auftragen nur einer Farbschicht bei Billigfahrzeugen. Bei teureren Modellen werden mehrere Farbschichten aufgesprüht; sie gewährleisten die Protektion, den besseren Schutz gegen Korrosion.
Inlay- oder Kronensetter	Degenerierter, von Adligen gehaltener Vorstehhund, der nur noch in temperierten Räumen herumliegt.
Ins Gras beißen	Ironische Bezeichnung für die Ernährungsgewohnheiten von Vegetariern, der Salat- und Spinatfresser, deren Tisch nur mit Grünfutter, der Ziegen- oder Hippenkost gedeckt ist. Kann durch Eiweißmangel zum Hippodrom führen.
Intubation	Einstimmen des Instruments durch einen Tubabläser.

J

Jacket-Krone	Meist mehrfarbig durchwirktes, kronenförmiges Emblem auf der linken Brustseite von Clubjacken und Blazern.
Jammerlappen	Taschentuch, bei Kassenpatienten meist aus Zellulose, bei Selbstzahlern aus Batist oder Seide, in das vor allem Frauen hineinschluchzen, wenn ihnen die Notwendigkeit einer Extraktion (siehe dort) erklärt wird.

K

Kahlschlag

1. Glatze (Calvities), fast nur bei Männern auftretender Verlust der Haupthaare. Wurde früher erfolglos von Badern und Barbieren behandelt. Für Zahnärzte ohne Bedeutung, es sei denn, sie haben sie selbst.
2. Von Karl dem Kahlen (840–877 König von Frankreich) kreierter Schwerthieb.
3. Fachjargon für den Verlust aller natürlichen Zähne. Wird durch die totale Prothese (siehe dort) behoben, die dem Betroffenen schnell jugendliches Aussehen verleiht und ihm manchmal auch zum Kauen verhilft. Sitzt die Prothese nicht richtig, gibt es Probleme: Für den Patienten beim Sprechen und Essen, für den Zahnarzt bei der Bezahlung.

Karies

1. Fränkisch-bayrisches Banalwort, gebildet aus Kar (Mulde vor Hochgebirgswänden) und Ries (Geländebecken, z. B. Nördlinger Ries). Deutet auf krankhaft bedingte Vertiefungen im Zahnbereich hin. Häufig verursacht durch übermäßigen Verzehr von Produkten der Konfektion (siehe dort).
2. Knochenfraß, Einfachkost canider Vierbeiner, für Menschen unverdaulich.

Karteileiche

1. Patient, auf dessen Kommen der Zahnarzt vergeblich hofft.
2. Vordem in anderer Position beschäftigter Scheintoter, der wegen häufiger Absenz vom Arbeitsplatz in die Registratur verbannt wurde.

Karteileiche

Kauen	Aus der Bergmannssprache. Reinigungs- und Umkleideräume in Schachtanlagen oder Zechen (siehe dort).
Kaugummi	1. Orales Desodorans mit reinigenden Eigenschaften und langhaftendem Effekt (unter Tischplatten, Stuhlsitzen, in fußläufigen Bereichen, auf Rolltreppen und unter Schuhsohlen). 2. Fleischbestandteile im Kantinenessen.
Kaumasse	1. Unansehnlicher Speisebrei, der durch Kauen (siehe dort) aus einem zuvor ansehnlichen Menü entstanden ist. 2. Klage eines Kartenspielers nach dem Geben, daß er ein schlechtes Blatt (kaum Asse) habe.
Kauraum	1. Pleonasmus, gebildet aus *Kaue* und *Raum*, ein größeres Gemach bezeichnend. 2. Selbstzahlermensa. Meist mit Edelholzmöbeln ausgestattetes Etablissement in größeren Krankenhäusern, in dem die nicht bettlägerigen Privatpatienten à la carte speisen können. 3. Mundhöhle, in der die Speisen zerkleinert werden, was aufgrund von Mundfäule (siehe dort) aber oft nur mangelhaft geschieht. Wird von mehr als 50 Prozent der gesamtdeutschen Bevölkerung nur unzureichend und unregelmäßig gereinigt, ein Umstand, der über das Jahr 2000 hinaus das Überleben der Zahnärzte sicherstellen dürfte.
Kausalbeziehung	Intimkontakt, der in einer größeren Selbstzahlermensa (siehe Kauraum 2.) angebahnt worden ist.
Kieferbruch	Feuchte Niederung in einem Kiefernwald.

Kieferbruch

Kieferorthopäde

Kieferchirurg	Auf Nadelgehölze spezialisierter Dendrologe (Baumdoktor).
Kieferentzündung	Waldbrandstiftung.
Kieferkamm	Neben der Zahnbürste unerläßliches Mundpflegemittel bei Haaren auf den Zähnen.
Kieferklemme	Mundsperre. Gegen ständig quasselnde, dazwischenredende Personen getroffene Verfügung, endlich die Klappe zu halten.
Kieferorthopäde	Bonsaifreund, der Fehlwuchs an seinen Zwergbäumchen (z. B. Podocarpus macrophyllus = Steineibe, auch „Kiefer der Buddhisten“ genannt) durch Drahten der Äste in die gewünschte Richtung bringt.
Kiefersperre	Hinweisschild, daß eine Kiefernschonung nicht betreten werden darf.
Kieferwinkel	Idyllisches, mit Nadelgehölzen bestandenes Flurstück.
Klammerzahn	Freundin, die nicht abgeschoben werden möchte.
Klebebrücke	Zur Vermeidung häuslicher Unfälle gegen Verrutschen gesicherter Läufer auf Resopal-, Parkett- oder Marmorfußböden.
Kompression	Im Feinschliffvokabular akademisch vorbelasteter Literaturkritiker Fremdwort für Verdichtung: Häme über einen Möchtegernpoeten, in dessen Elaboraten Versmaß und Endreim nicht exakt stimmen (Urteil: „Der hat sich ganz schön verdichtet!“).
Konfektion	Herstellung von Konfekt.

Konfektionskrone	Verkaufsschlager von Bekleidungsherstellern, der sich von anderen Produkten weniger durch die Qualität als vielmehr den Namen unterscheidet. Der Käufer hat heute die Wahl zwischen zahlreichen (à la) Coste-es-was-es-wolle-Modellen.
Kontaktposition	1. Wird durch gekonnten Zupaß bei Mannschaftssportarten erreicht, wenn ein Mitspieler durch eben diesen Kontakt zum Ball oder Puck erhält. 2. Wenn die Sekretärin auf dem Schoß des Chefs sitzt.
Kooperation	Vom Zahnarzt mit einem Assistenten durchgeführte kieferchirurgische Behandlung.
Kopfbiß	Von der Kopflaus vollzogene Öffnung der Epidermis zum Saugen von Kapillarblut.
Kornzange	Gerät, das von Öko-Bauern eingesetzt wird, um die Spreu vom Weizen zu trennen. Arbeitsaufwendige Methode, die Bio-Kost teuer macht.
Krankenschein	Auch Simulantenaura. Von einem eine Krankheit nur vorspielenden in der Regel Scheintoten (siehe dort) ausgehende fast hypnotische Wirkung, die den Arzt dazu zwingt, einen gelben Schein auszustellen, die bei Bekannten und Freunden tiefes Mitgefühl, beim Arbeitgeber Mißtrauen weckt, Krankenkassen in die Miesen bringt und die Unglaubwürdigkeit sogenannter Gesundheitsstatistiken bestätigt.
Kratzbürste	1. Gerät zur Zahnreinigung, dessen Borstenstruktur auf der Verpackung als hart bezeichnet ist. 2. Weiblicher Widerborst.

Konfektionskrone

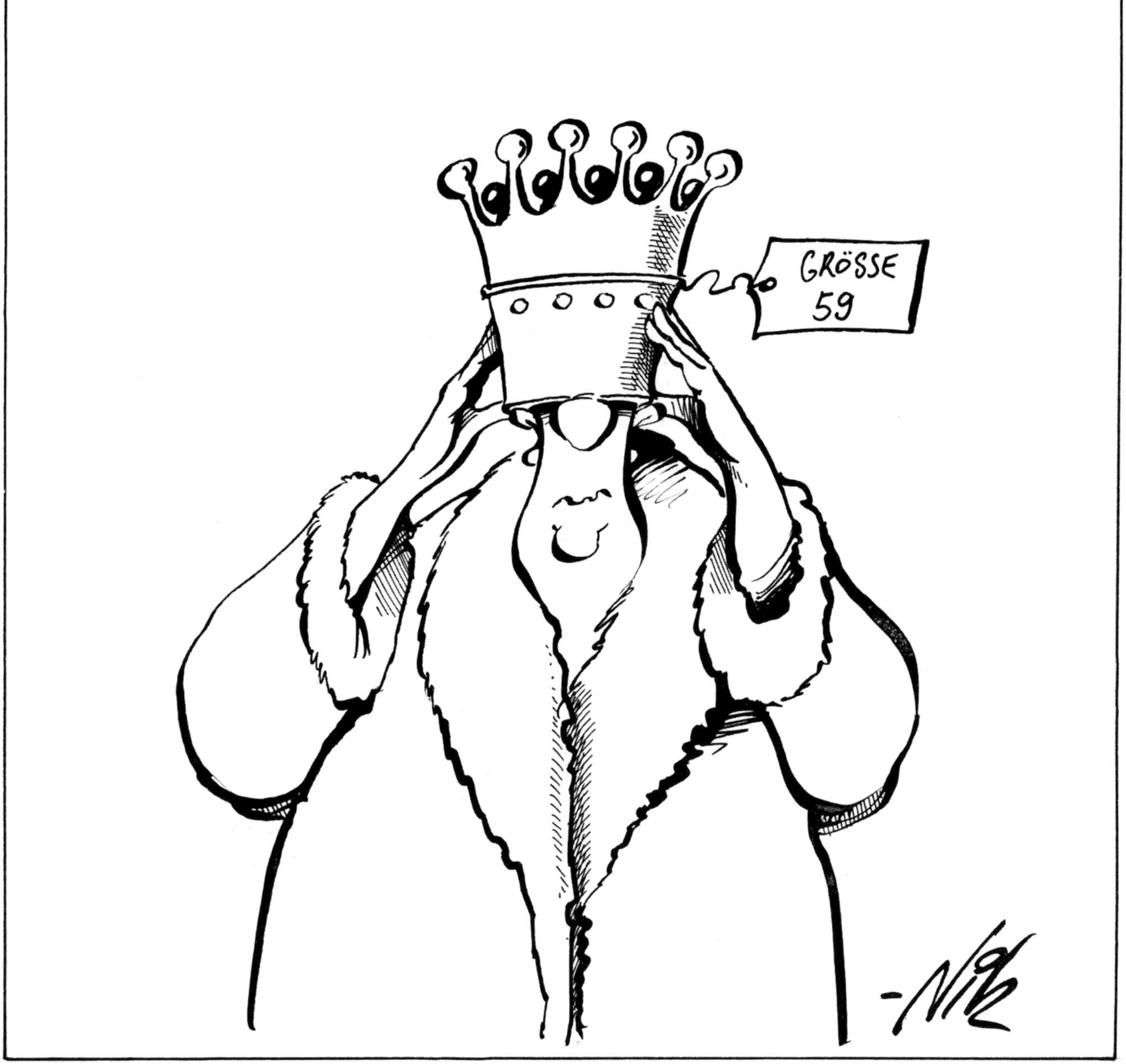

Kuchenzahn

Von Udo Jürgens besungene „Aber-bitte-mit-Sahne"-Matrone.

Kuhhornzange

1. Zangenartiges Bergungsgerät mit langem massivem Stiel, der von mehreren Männern gehalten wird, um ein bei Dauerfrost verirrtes Rindvieh vom Eis zu ziehen.
2. Instrument von Zahnmedizinern mit kuhhornförmigen Greifbacken, das beim Menschen indes vorrangig der Extraktion von Pferdezähnen (siehe dort) dient. Kann nach dem Verzehr von Graupensuppe auch zum Entfernen von Kälberzähnen aus dem Mundraum verwendet werden.

Kürettage

Ausschabung. Von einem Kammerjäger getroffene Maßnahme zur Beseitigung von Kakerlaken.

L

Lappenoperation

Chirurgischer Eingriff bei einem Nordlandbewohner.

Lindenstraßen-phlegmone

Spontaninfekt, bewirkt von einem den Erregern des Dallas-Syndroms und des Denver-Fiebers ähnlichen Virus, das vom Bildschirm direkt übertragen wird und nach einer Inkubationszeit von wenigen Minuten bei intelligenten Menschen zu heftigsten Zahnschmerzen führt. Bei von diesem Symptom nicht betroffenen Menschen werden häufig Kennzeichen zunehmender Demenz (Verblödung) festgestellt. Da ein abrupter Fernsehentzug bei diesen Erkrankten zu Abstinenzerscheinungen wie Lindenstraßenkollaps oder Lindenstraßenkoller führen kann, ist eine dosierte Minimierung der Fernsehgewohnheiten

Lappenoperation

	angezeigt (sogenannte Quotenregelung nach Dr. Alice E. Manze-Schwarzer).
Lippenrot	Von Frauen mit dem Lippenstift auf die Mundöffnung gestrichene Farbe.
Lippenweiß	Schminkutensil, das bei Milchgesichtern mit Milchzähnen die Farbharmonie gewährleistet. Geläufig als Pierrot-Visage.
Liquidation	Von Zahnärzten bei Krankenkassen und Selbstzahlern vorgenommene Kostenabrechnung. Hat beide Gruppen schon mehrfach fast in dieselbe getrieben.
Lokalanästhesie	Volltrunkenheit aller Anwesenden (einschließlich Wirt und Bedienung) in einer Gaststätte (siehe örtliche Betäubung).
Lustausschuß	Vielfach mißdeutet als Kürzel für eine an Universitäten eingesetzte Kommission – dem Ausschuß für **L**ehr- **u**nd **St**udienangelegenheiten. Vielmehr handelt es sich hier um die von einem Männer- oder Frauenkegelclub gewählten Mitglieder, die eine Wochenendfahrt an Rhein bzw. Mosel oder nach Norderney (mit Besuch im „Baggerloch“) bis ins Detail planen.
Lückenbildung	Problem lernfauler Individuen, die nur einen Teil des Unterrichtsangebotes nutzen. Die Folge sind Bildungslücken.

M

Mahlzeit	Spanne, die die Mahlzähne zum ausreichenden Zerkleinern der aufgenommenen Nahrung benötigen.

Lokalanästhesie

Mantelkrone	Bei Monarchen die zum Krönungsmantel passende Kopfbedeckung.
Maulkorb	Vom Strafverteidiger dem Angeklagten erteilter Rat, von seinem Aussageverweigerungsrecht Gebrauch zu machen.
Maultrommel	Musikalisches Mundwerkzeug. Bildet mit der Maulschelle sowie der Back- und Zungenpfeife ein wohlgefällig temperiertes Ensemble. Das Quartett kann auf vielfache Weise ergänzt werden, bei der „Winterreise“ zum Beispiel durch leichtes Zähneklappern, während „Die Wut über den verlorenen Groschen“ durch nicht zu überhörendes Zähneknirschen untermalt wird.
Mikrowellen	Bei Hochdruckwetter Brandung im Uferbereich des Bodensees. Im Gegensatz dazu gibt es die Makrowellen, die bei Orkanstärke an der Atlantikküste auftreten.
Milchzähne	Stellen sich ab dem 6. bis 7. Lebensmonat meist nicht beschwerdefrei ein, was den Säugling zu Klageäußerungen veranlaßt. Besorgte Mütter mißdeuten diese oft als Ausdruck des Hungergefühls und verabreichen Nahrung in Form von Milch. Der Milch verdanken die Zähne den Namen allerdings aufgrund der Farbgebung; insofern sind sie die ideale Ergänzung zum Milchgesicht. Den Milchzähnen folgen die bleibenden Zähne, die bei vielen Menschen in vorgerücktem Alter die berechtigte Frage wecken, wo sie wohl geblieben sind.
Monokelhämatom	Meist durch Jochbeinprellung bewirkter Bluterguß, gemeinhin Veilchen oder blaues Auge genannt. Führt zu vorübergehender Entstellung, klingt aber relativ schnell und ohne bleibende Folgen ab. Folgenschwerer ist das

Mikrowellen
HILFE!!!

	(häufig chronische) Binokelhämatom, die absolute Blauäugigkeit, die den Betroffenen veranlaßt, sich an unrentablen Bauherrenmodellen zu beteiligen, Geld in Warentermingeschäfte zu investieren, den Hausfreund für integer zu halten oder auf Wahlversprechungen wie auf die Zuverlässigkeit von Wettervorhersagen zu vertrauen.
Morbus Recklinghausen	Epidemisch auftretende Reisekrankheit, die die Befallenen veranlaßt, alljährlich zu den Ruhrfestspielen nach Recklinghausen zu fahren. Der gleiche Erreger löst auch das Berlinale-Fieber, das Bayreuth-Syndrom und den Oktoberfesttaumel aus.
Morgenstern	Begriff, bei dem immer etwas aufgeht: a) beim tiefsinnigen Nonsenslyriker mit Vornamen Christian die Logik seines Ziehkindes Palmström, b) beim Planeten Venus selbiger am Morgen selbst, c) bei einer im Mittelalter als ablehnender Bescheid eingesetzten Schlagwaffe die Rechnung mit dem Widersacher, d) bei Zahnärzten die Überlegung, denselben heil- und gewinnbringend einzusetzen.
Mundart	Richtung in der modernen Kunst. Erstmals von der Stadt Bonn im Rahmen der Sympathiewerbung mit Erfolg umgesetzte Idee, in der Ortsbezeichnung den Buchstaben „O“ gegen ein rotes Kußmäulchen auszutauschen.
Mundboden	Normalerweise feuchter Untergrund. Gegensatz zum Trockenboden, kann durch Mundtrockenheit aber zu einem solchen werden. Als Prophylaxe dient das Sprühen von Mundwasser mittels der Mundusche. Bei fortgeschrittener Mundtrockenheit rät der Arzt zur Kneip(p)-kur, dem ausgedehnten Besuch mehrerer Gaststätten.

Mundart

DER WIRKT EIN BISSCHEN NICHTSSAGEND...
G. Ruch
LEIHGABE DES MUSEUMS LIPPSTADT

Munddusche

Mundddusche	Bei lispelnden und alkoholisierten Menschen anzutreffende Unart, während des Redens Mundwasser (siehe dort) in Feinstpartikeln im näheren Umfeld zu verbreiten. Im übrigen nur von sehr geringer Reinigungskraft.
Mundfäule	Entsteht durch ständiges Klopfen fauler Sprüche. Hat zur Folge, daß die Betroffenen von den meisten Menschen gemieden werden.
Mundschutz	Umgangssprachlich für die ärztliche Schweigepflicht, die mitunter aus Gründen der Rücksichtnahme auch gegenüber Patienten geübt wird. Das Verhalten, das Zahnärzte manchmal nach einem Blick in den Mundraum an den Tag legen, hat Franz Lehár sehr treffend in einer Operettenarie zum Ausdruck gebracht: „Doch wie's dadrinnen aussieht, geht niemand was an."
Mundspiegel	Nützliches Produkt der glasverarbeitenden Industrie. Konkave, kreisrunde Glasfläche auf Toilettenschränken guter Hotels, die den Mundbereich vergrößert zeigt und deshalb als Rasierspiegel gute Dienste leistet.
mundtot	Zustand von Patienten, wenn der Zahnarzt sie behandelt. Auch Zustand von Selbstzahlern, denen es nach Erhalt der Rechnung die Sprache verschlagen hat.
Mundtrockenheit	Entsteht, wenn Körperflüssigkeit unreguliert abgegeben wird, z.B. durch Schwitzhändchen oder Schweißfüße. Der Behandlung dienen ausgedehnte Kneip(p)kuren, die der Arzt zwar verordnen kann, die der Patient aber selbst bezahlen muß.
Mundwasser	Speichel (siehe dort).

Mundwerk Vom Zahnarzt mit Hilfe der Mundwerkzeuge durchgeführte Behandlung.

N

Nasenblaseffekt 1. Positiver: Wird vornehmlich von Bewohnern des Freistaates Bayern und Untertagearbeitern durch Einziehen von Tabakpulver in die Nasenhöhlen bewirkt, dient der Reinigung derselben.
2. Negativer: Entsteht bei heftigem Niesen, wenn räumlich Nahestehende davon betroffen sind.

Nasenfenster 1. Kiek-in-die-Welt-Luke, durch die Klein-Naseweis erste Erfahrungen sammelt, weil er sich den Wind um die Nase wehen läßt.
2. Glasfläche, gegen die die observierende Klatschbase das Riechorgan drückt, um nichts von dem zu versäumen, was in der Nachbarschaft vorgeht.

Nebenhöhle Zweitwohnung eines Steinzeitmenschen.

Nebenhöhlenentzündung Brandstiftung in der Zweitwohnung eines Steinzeitmenschen.

Nulleins-Befund Feststellung des Schiedsrichters, daß die Gastmannschaft den ersten Treffer erzielt hat.

Nebenhöhle

örtliche Betäubung

O

Oberkiefer	Deutlich dominant stehender großwüchsiger Nadelbaum. Oberkieferdefekte deuten auf zunehmende Waldschäden hin (siehe auch Unterkiefer).
Oberlippe	Oberer Verlauf eines 237 km langen, im lippischen Wald entspringenden rechten Nebenflusses des Rheins. Mit „Unterlippe“ wird der in den Rhein mündende untere Verlauf dieses in weiten Bereichen schiffbaren Gewässers gekennzeichnet.
örtliche Betäubung	1. Niederschlag im Boxring. 2. Vollrausch am Tresen. 3. Von Venedig (Markusplatz) ausgegangene, inzwischen über ganz Westeuropa verbreitete Populationen wild lebender Tauben in den City-Bereichen von Großstädten. 4. Sogenannte Lokalanästhesie (siehe dort). Vom Zahnarzt zur Ausschaltung der Schmerzempfindung im Mundbereich gesetzte Injektion, die von vielen Patienten indes abgelehnt wird, da sie mehr Angst vor der Spritze als vor dem Schmerz haben.

P

Parodontose	Zahnfleischschwund. Magersucht der Partnerin, des steilen Zahns.
Pelikanzange	Mehrfach vergeblich angesetzte Beinschere des japanischen Catchers Inoki (Spitzname: Pelikan) im Kampf gegen Boxweltmeister Muhammad Ali.

Perkussions-empfindung	Sinnliche Wahrnehmung, die beim Abklopfen und Abtasten von Bauch- wie Brustraum eines Patienten zustande kommt. Kann a) bei dem (der) Untersuchenden je nach Zustand, Alter und Geschlecht des (der) Untersuchten leid- bis freudvolle Gefühle wecken und b) bei dem (der) Untersuchten je nach Zustand, Alter und Geschlecht des (der) Untersuchenden leid- bis freudvolle Gefühle wecken.
Pferdezähne	Überdimensionierte, meist robuste, der Bezahnung der Equidae (Unpaarhufer) äußerlich sehr ähnliche, indes menschliche Kauwerkzeuge, die mit Blick auf den (die) Träger(in) weitere aus der Hippologie abzuleitende Merkmale nicht zwingend voraussetzen (z. B. Pferdelungen, Pferdemähne, Pferdeschwanz oder Pferdefuß).
Pilotbohrung	Wenn die Stewardeß sich mit dem Flugkapitän einläßt.
Pistolenhäkchen	Im Examen oder bei Prüfungen Black-out-Befall von Menschen, bei denen sonst jede Antwort wie aus der Pistole geschossen kommt. Leider gibt es in der Literatur keinen Hinweis auf Revolverhäkchen, die Revolverschnauzen stoppen könnten.
Plaque	Aus dem Französischen: Auflage, Belag. Weckt Genießerfreuden in Form von Kaviar, Graved Lachs, Parma- oder Ardennenschinken auf Kanapees.
Plombe	1. Zollamtlich: Bleisiegelverschluß. 2. Mittel zur Füllung eines Hohlraums: a) Bei schadhaften Zähnen mit Amalgam, Keramik, Gold oder Kunststoff,

Pilotbohrung

Profilanalyse
SIEH AN! FRAU MÜLLER MIT HERRN PETERS...

b) bei Köpfen mit dem Inhalt von Werbespots oder Groschenheften.
Während die Füllungen zu a) sich als dauerhaft erwiesen haben, bringt der Füllstoff zu b) nur sporadischen Effekt, dem in der Regel die Spontanvakuumierung folgt.

Politur
1. Kontrollgang einer Politesse zum Orten von Falschparkern.
2. Genauer Polit-Ur, leider nahezu ausgestorbene demokratische Urzeitwesen, die, wie der Strauß- oder Wehner-Stier, in der politischen Debatte jeden Kontrahenten verbal auf die Hörner nehmen.

Profilanalyse
Wird bei Einstellungsgesprächen für Außendienstmitarbeiter zur Feststellung darüber vorgenommen, ob der Bewerber genügend Überzeugungskraft entwickelt, um Legasthenikern eine Lesebrille und Schwerhörigen einen Schalldämpfer anzudrehen.

Prothese
1. Zustimmung zu einem Lehrsatz.
2. Ersatz für einen Leersatz.

Prothesenflügel
Schadhaftes Tasteninstrument, dem anstelle eines fehlenden Beins ein Tisch oder ähnliches untergeschoben wurde.

Prothesenlager
Bei gut sitzenden Drittzähnen nachts das Wasserglas, bei schlecht sitzenden auch tagsüber irgendeine Schublade.

Prothesenträger
Mensch, der eine Prothese (lt. Duden Ersatzglied) mit sich trägt. Armer Mann, der nur noch damit dienen kann.

Provisorium
Arbeitsraum eines Apothekergehilfen, des Provisors. Da viele Apotheken aufgrund rückläufiger Umsätze den Provisor nicht mehr beschäftigen können, muß dieser suspen-

siert werden, erhält dafür aber das von den Tarifparteien vereinbarte Suspensorium.

Pulpa

Im Volksmund Bezeichnung für in Großküchen zubereitete Eintopfgerichte.
Medizinisch: Ernährungsgewebe des Zahns, auch Zahnmark genannt. Hier stellt die Dudenredaktion allerdings Überlegungen an, den zeitgeschichtlich nicht mehr aktuellen Begriff der Entwicklung anzupassen und in Zahnhunderter umzuwandeln.

Q

Quäker

Sensibler, furchtsamer Mensch, der schon bei der Bitte des Zahnarztes, den Mund zur Einsichtnahme zu öffnen, dem Angstschrei des Hasen ähnliche Klagelaute ausstößt.

Querulant

1. Früher nur vereinzelt auftretender Dauernörgler, der seinen Mißstand damit begründete, ihm könne sowieso keiner helfen, was im Grunde auch stimmte.
2. Mensch, der behauptet, der Zahnarzt habe anstatt des kranken Zahns einen gesunden gezogen. Als wenn es auf einen Zahn mehr oder weniger ankommt.
3. Heute nicht mehr singulär, sondern massiert anzutreffende Menschen, die dem Steuerkurs der Bundesrepublik nicht mehr folgen können, nach wie vor aber gern zum polnischen Arzt, griechischen Änderungsschneider, italienischen Pizzabäcker und Eiskonditor sowie in ehemals jugoslawische Spezialitätenrestaurants gehen, die türkischen Honig essen, aber desungeachtet vehement gegen den ständig wachsenden Asylantenstrom schwimmen.

Querulant
TREIBHAUSEFFEKT, OZONLOCH, WALDSTERBEN, REZESSION, SCHEINASYLANTEN, WACHSENDE KRIMINALITÄT UND 'NE FLIEGE IM COCKTAIL...

R

Rabenschnabel	Mundwerkzeug eines Schwarzsehers oder einer Schwarzseherin, prädestiniert zum Verbreiten von Kassandra- oder Unkenrufen.
Raffzahn	Politiker, der oft nicht rafft, um was es geht, aber alles rafft, was eben geht.
Randgestaltung	Von Puritanern geprägte abwertende Formulierung für das durch Frauen vorgenommene Auftragen von Mundrouge.
Reform	Neuordnung, Verbesserung des Bestehenden. Mit Blick auf das Gesundheitswesen Ratebegriff aus dem politischen Rätselalmanach, da die Mehrheit der Betroffenen alles andere als eine Verbesserung sieht und deshalb mit der Reform nicht konform geht.
Regel	Antiallergikum. Anzuwenden, wenn Zahngel aufgrund einer vom Patienten nicht beachteten Kontraindikation Reizwirkungen zur Folge hat.
Reißzahn	Schicke Mieze, die man in einer Disco aufreißen kann.
Rettungsschere	Letztes Mittel, zarte Bande zu durchtrennen, bevor man in den Hafen der Ehe geschleppt wird.
Rosenbohrer	1. In die Erdkruste eindringendes Explorationsgerät, mit dem Quellen für Rosenöl oder Rosenwasser aufgespürt werden. 2. Mann, der so verbohrt ist, einer sich ablehnend verhaltenden Angebeteten ständig Rosen ins Haus zu schicken.

Raffzahn

Rotlichtbehandlung	Ärztlich verordnete, aber kassenseitig umstrittene Therapie für einen des steilen Zahns verlustig gegangenen Patienten, sich im Rotlichtmilieu körperlich-seelische Äquivalenz zu verschaffen.

S

Sandwich-Füllung	In Hamburg ersonnene Einlage für ein durchschnittenes Brötchen, wurde später in Cheeseburg weiterentwickelt und durch den Gourmet McDonald auf den heutigen, bisher unübertroffenen Stand gebracht. Einem bekannten Fernsehmoderator ist es zu danken, daß diese Qualitätsnorm auch in Zukunft gewahrt wird. Die Zubereitung der Sandwich-Füllungen ist streng gehütetes Geheimrezept. Versuche, dieses durch chemische Analysen zu lüften, verliefen aufgrund der unterschiedlichen Laborergebnisse bisher unbefriedigend.
Schaltlücke	Momentane Konzentrationsschwäche, in der ein Mensch nicht weiß, um was es geht.
Schaltsattel	Sitzfläche beim Dressurreiten, von der aus die verschiedenen Gangarten des Pferdes gesteuert werden.
Scharfer Löffel	Eßbesteck zum Verzehr thailändischer Spezialitäten.
Schaukelbewegung	1. Rhythmisches Verlagern des Körperschwerpunkts, um ein auf Jahrmärkten anzutreffendes bootsförmiges Lustbarkeitsgerät in Schwingung zu bringen. 2. Bezechten eigene Gangart. 3. Drohgebärde des kleineren Koalitionspartners.

Sandwich-Füllung

Schluckreflex

Schau- und Kauprothese	Zahnersatz, der dem Träger nicht nur gut zu Gesicht steht, sondern darüber hinaus auch zum Zerkleinern der Nahrung geeignet ist.
Scheintote	Quicklebendige, einfallsreiche Menschen, die nach den vielen Arbeitsunfähigkeitsbescheinigungen (gelbe Scheine, nur selten von Zahnärzten ausgestellt), die sie Krankenkassen und Arbeitgebern vorgelegt haben, längst tot sein müßten.
Schlitztuch	1. Meist aus mercerisierter Baumwolle gefertigtes Zwischenprodukt, aus dem Herrenunterhosen hergestellt werden. 2. Von Bankräubern getragene Gesichtsmaske, die Freiraum für den erforderlichen Durchblick läßt.
Schluckreflex	Stellt sich automatisch ein, wenn der Zahnarzt erläutert hat, was alles gemacht werden sollte. Der Patient muß dann erst einmal schlucken.
Schlundschnürer	Den Würgereiz nicht mehr unterdrückender Mensch.
Schutzbrille	Vor der Augenpartie getragenes Gestell aus Metall oder Kunststoff, das – ophthalmologisch zwar überflüssig – vor Unterschätzung schützt. Unentbehrliches Accessoire im Outfit von Hoppla-jetzt-komm-ich-Wichtigtuern, entwickelt aus Gottfried Kellers Fundamentaltheorie, daß „Kleider Leute machen“. Merke: Eine Brille gibt auch dem dümmsten Gesicht einen Anflug von Intelligenz.
Schwebebrücke	Erste urkundliche Erwähnung durch Scheherazade in den „Märchen aus tausendundeiner Nacht“, hier noch als fliegender Teppich bezeichnet.

Schwebetisch

1. Möbelstück, das bei Séancen von Spiritisten angeblich durch Handauflegen in Bewegung versetzt wird. Da es sich bei den Teilnehmern an diesen Sitzungen – wie am Namen leicht erkennbar – meist um chronische Alkoholiker handelt, weisen seriöse Möbelhersteller darauf hin, daß das vermeintliche Tischmoving lediglich einer Alkoholhalluzinose entspringen kann.
2. Für das Publikum nicht sichtbare Liegefläche, auf der der Magier die schwebende Jungfrau präsentiert. Längst als fauler Zauber entlarvt, da es sich bei dem Medium meist um die Ehefrau oder Lebensgefährtin des Zauberkünstlers handelt.
3. Kleine, schwenkbare Plattform, auf der der Zahnarzt seine Instrumente ablegt. Da dieser studiert hat, schwebt er wie die meisten Akademiker über den Dingen und benötigt daher einen ebensolchen Tisch.

Seehofer

1. Bei der Bildung von Eigennamen im Mittelalter entstandene Bezeichnung für einen, der vom Hof am See, dem Seehof, kam.
2. Reizwort für Mitglieder der Krankenkassen, für Apotheker, Ärzte und insbesondere Zahnärzte. Sollte in Anwesenheit von Personen insbesondere der letztgenannten Berufsgruppe auf keinen Fall erwähnt werden, weil dies bei ihnen spontan schwere Wutausbrüche auslösen kann.

Seehofer-Modell

Noch in der Weiterentwicklung stehendes Mähgerät, sogenannte Kahlschlagsense, das unerwünschten Wildwuchs beseitigen soll, bei dem aber die Gefahr besteht, daß es bei großflächigem und ungezieltem Einsatz auch Heilkräuter und Heilungssuchende trifft. Gilt als Weiterentwicklung

Seehofer-Modell

Spargold

der Blüm-Sichel, deren Anwendung sich inzwischen als wenig praktikabel erwiesen hat.

Sichelzahn	Inzwischen unverblümt Sensenzahn genannt (siehe Seehofer-Modell). Kann tiefe Löcher reißen (wenn sanierungsbedürftig: ins Budget seines Trägers).
Sonde	In der Rechtspflege von Richter oder Staatsanwalt gestellte Frage, um den Tatbestand zu sondieren. Von Ehefrauen häufig illegitim gegen verspätet heimkehrende Ehemänner eingesetzt (sogenannte einseitige Sondierungsgespräche). Der Zahnarzt benutzt die Sonde zunächst in väterlich-freundlicher Konversationsform („Na, was führt sie zu mir?“, „Na, wo tut es denn weh?“), um danach zu einem griffelartigen Instrument gleichen Namens zu greifen. Mit ihm stochert er im Zahnbereich des Patienten, wobei er jede Schmerzäußerung mit Wohlgefallen – weil honorarbringend – registriert (Möglichkeit zur Erweiterung der vorhandenen Tennis- oder Golfanlage, siehe auch Honorar). Reagiert der Patient nicht, empfindet der Zahnarzt Frust (siehe Frustration).
Spargold	Allerlei Schmuck (auch Verlobungs- und Eheringe) aus Dublee, vom Knausepeter der Verehrten verehrt.
Speibecken	1. Meist von Potentaten in Auftrag gegebene Brunnenanlagen, in die allegorisch gestaltete Steinskulpturen aus den Mundöffnungen Wasser ablassen. 2. Dem heute nicht mehr gebräuchlichen Spucknapf ähnliches, aber technisch verfeinertes Gerät in Zahnarztpraxen. Wird insbesondere von Selbstzahlern benutzt, wenn der Zahnarzt den Heil- und Kostenplan erläutert hat, was diesen Patienten dann häufig auf den Magen schlägt.

3. Vereinzelt noch in den Toilettenanlagen von Restaurationsbetrieben vorhandene Porzellanschüssel, die die umweltschonende Möglichkeit bietet, einem Würgereiz (siehe dort) Lauf zu geben, um damit einer Fleisch-, Fisch- oder Alkoholvergiftung vorzubeugen.

Speichel 1. Mundartlich in Bayern: Bezeichnung für metallene Verbindungsstäbe zwischen Nabe und Felge an Kinderfahrrädern.
2. Mundartlich in Schwaben: Bezeichnung für den parallel zur Elle verlaufenden Knochen im Unterarm eines Kindes.
3. Mundwasser (siehe dort).

Speichelzieher Auch Speichelsauger. Charakterloses, sich schon wegen geringer Vorteile devot anbiederndes Individuum, hervorgegangen aus dem Speichellecker.

Sprechstundenhilfe Stichwörterbuch, das es dem Zahnarzt erleichtert, ähnlich wie der Barbier oder Bader, die als seine Vorläufer anzusehen sind, dem Patienten über allgemein brennend interessierende Themen zu berichten, z.B. die Sichtung von Ufos, Affären am englischen Königshof oder die Zubereitungsvarianten einer süditalienischen Zwischenmahlzeit, der sizilianischen Vesper.

Sprechstundenunterricht Von Zahnärztekammern veranstaltete Seminare, in denen die Aussprache der im Stichwörterbuch aufgeführten Begriffe trainiert wird, z.B.: Queen = „Kwien“, Lady Di = „Leidi Dai“ oder Prince Charles = „Prinz Schahls“.

Steinbeißer 1. Speisefisch gehobener Güteklasse, schmeckt je nach den Fähigkeiten des (der) Zubereitenden sehr bis weniger gut. Ist in jedem Fall dem Wadenbeißer vorzuziehen.

Sprechstundenhilfe

	2. Mensch, der mit seinen Argumenten nicht durchdringt, weil er auf Granit beißt.
Stiftzahn	1. Freundin eines Auszubildenden. 2. Freundin, die in einem Altersheim wohnt.
Stopfgold	Bestechungsgeld, wird Zeugen angeboten, die belastende Aussagen machen könnten und dadurch zum Schweigen gebracht werden, daß man ihnen die Taschen voll- und damit den Mund gestopft hat.
Stützzone	Bereich von der Eckkneipe zur Wohnung. Hier muß der benebelt heimkehrende Gast gestützt werden, damit er heil nach Hause kommt.

T

Tabletten	Tragen von Tabletts.
Tascheninfektion	Politikerseuche, hat zur Folge, daß das, was sie am Anfang der Laufbahn in den Taschen hatten, durch Ämterhäufung immer mehr wird. Bisher kein Gegenmittel. Die Hoffnung, die Herdinfektion durch Grün-Dung zumindest einzudämmen, hat sich leider ins Gegenteil verkehrt, da nach anfänglicher Rekonvaleszenz eine bis heute anhaltende Grünrotblindheit grassiert. Dieses Leiden muß ebenso ernst genommen werden wie das Schwarzsehen oder das Gelbfieber. Anzeichen, daß sich auch die Bräune epidemisch ausbreiten könnte, haben zum Glück keine Bestätigung gefunden. Sorgen bereitet die Tascheninfektion im privatwirtschaftlichen Bereich durch Grauzonen sowie bei

Stützzone

der Waschmittelindustrie durch die Weißmacher. Immun geblieben sind bisher – neben den Farblosen – nur die Blaukreuzler. Insofern raten Ärzte bei den ersten Anzeichen einer Infektion zum Blaumachen.

---

toter Raum Von Fachmedizinern entwickelter Begriff, der wieder einmal beweist, daß manche Leute nicht über den Tellerrand blicken können. Als toter Raum wird von ihnen der Bereich von den Nasenöffnungen bis zu den Bronchiolen bezeichnet, im wesentlichen also der Mund- und Rachenraum. Dabei verkennen sie, wo die Pfründe liegen. Für Zahnärzte ist der tote Raum nämlich eine Goldgrube.

Touchierung Fremdwort für leichtes Berühren, das dieser Definition aber nur noch bedingt entspricht. Wer beim Fußball touchiert wird, beklagt nicht selten polierte Schienbeine oder Knöchel, auch beim Eishockey sind mitunter Blessuren die Folge. Doch schon weitaus früher und vor Ausübung dieser Sportarten galt Touchieren keineswegs immer als comme il faut. Unvergessen ist in diesem Zusammenhang der Protestsong einer Dorfschönen auf dem Tanzboden: „Was machst du mit dem Knie, lieber Hans, mit dem Knie, lieber Hans, beim Tanz!“

Tremor Zitterbewegung, befällt auch gestandene Mannsbilder spätestens dann, wenn der Zahnarzt zum Bohrer greift. Führt zu Wackelbewegungen des Kopfes. Daran leidende Patienten sollten ältere, vom Intentionstremor betroffene Zahnärzte aufsuchen, weil dann durch den Synchron-Tremor-Rhythmus eine für beide Seiten problemlose Behandlung möglich ist.

---

toter Raum

Trigeminus	Drei-Stufen-Rakete aus dem Gemini-Programm der Nasa.
Tuchklemme	Von Trägern nicht körpergerecht gearbeiteter Unterhosen als äußerst lästig empfunden. Hat verklemmte Verhaltensweise zur Folge. Versuche, die betroffene Körperregion von der Verklemmung zu befreien, schüren bei Beobachtern des Vorgangs den Verdacht, einen in Sachen Körperhygiene nachlässigen Menschen vor sich zu haben.
Turbine	1. Mädchen, das man auf eine Spritztour mitnimmt. 2. Nach Rundflug zum Honigsaugen in den Bienenstock rückkehrende Imme. 3. Zahnarztpraxenheuler. Antriebsaggregat für den Bohrer. Könnte perfektes Synchrongeräusch für einen Monsterfilm über die zum Elefanten gemachte Mücke liefern. Die Turbinensause weckt bei Patienten anfänglich Angstgefühle, wird dann aber gelassen ertragen, da sie das Bohrgeräusch übertönt und somit von den wahren Vorgängen ablenkt. Vor allem Kinder kommen dadurch zu Fehlschlüssen und äußern den Jubelruf: „Mama, er hat überhaupt nicht gebohrt!" Dieselbe Feststellung treffen mitunter – allerdings enttäuscht – von einem Rendezvous nach Hause kommende junge Mädchen, was bei der Mutter die Fragestellung weckt, ob die Tochter mit einem Zahnarzt verabredet war.
Turnerzahn	Artistenfletsche. Bei im Zahnhang arbeitenden Trapezkünstlern auftretende Gebißdeformation.

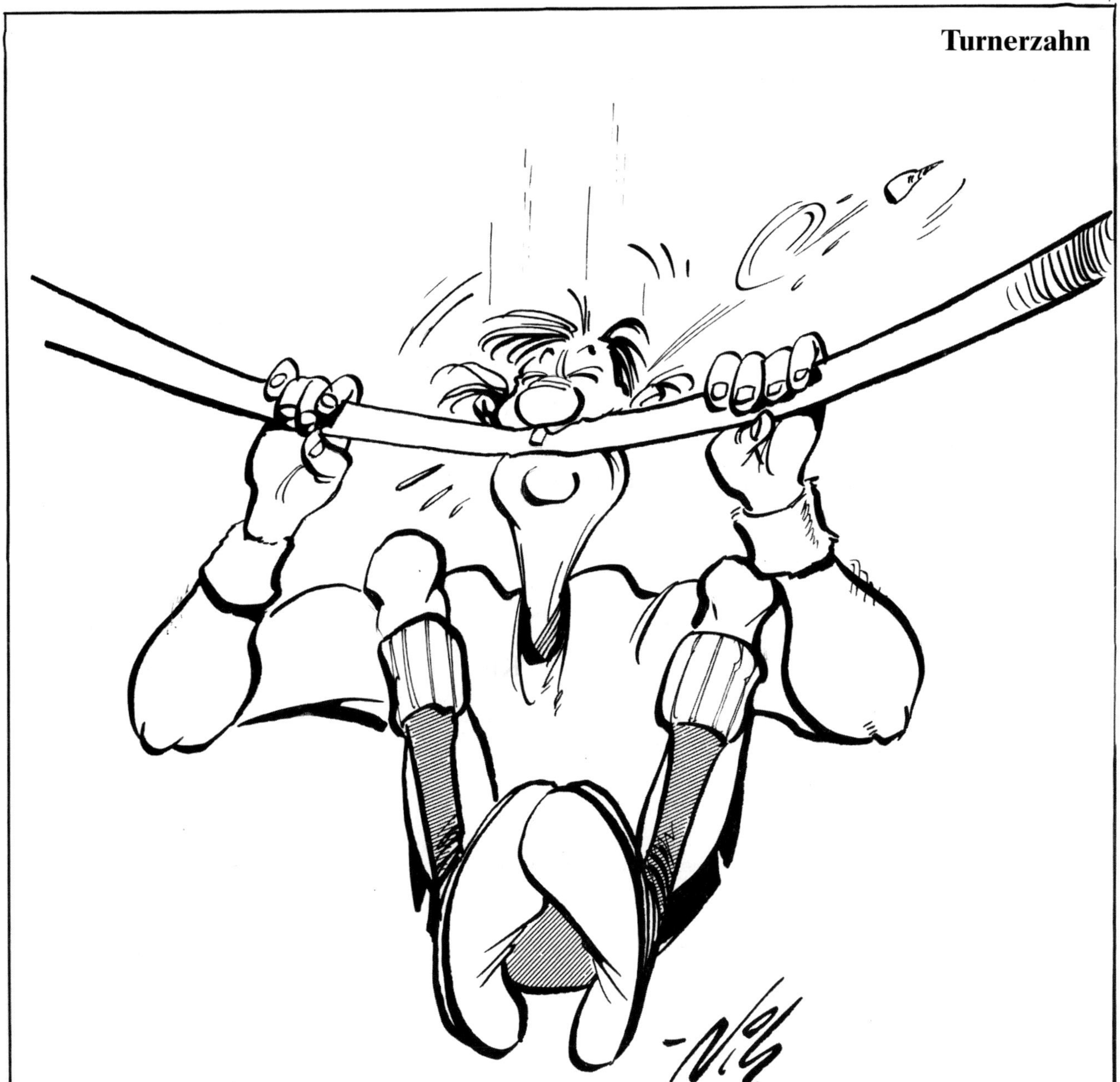

Turnerzahn

U

Unterbeißer	Nutzloser Wachhund.
Unterfüllung	Defizitproblem öffentlicher Nahverkehrsbetriebe, kleiner Eckkneipen, großer Luxusbadeanlagen und vieler Fluggesellschaften. Weitaus problematischer erscheint indes breiten Bevölkerungskreisen die Überfüllung, und zwar im Sommer preisgünstiger Freibäder, der Nord- und Südkurven von Fußballstadien mit Hooligans sowie der Taschen von Mandatsträgern mit Diäten.
Unterfütterung	Form der Diät für bestimmte Haustiere, z.B. Möpse, Hängebauchschweine und Speckkäfer. Wird vom Tierarzt bei Übergewicht verordnet.
Unterkiefer	Meist in Schonungen stehendes nachwachsendes Nadelgehölz, stark vom Waldsterben bedroht, weil hier alljährlich von Ende November bis Mitte Dezember für einen in bundesdeutschen Wohnstuben (Wohnküchen) bestehenden Bedarfsnotstand abgeforstet werden muß.

V

Verdachtsdiagnose	Ehefrauengezeter, wenn der Mann verspätet heimkommt, nach Chanel Nr. 5 duftet und Lippenstiftspuren trägt.
Vereisung	1. Abrupter Zuneigungsabfall zwischen zwei Partnern. 2. Auf die Schleimhäute aufzusprühende Substanz, die diese vorübergehend vereist und damit schmerzunempfindlich macht. Wirkt nicht, wenn der Patient zuvor aus

Verdachtsdiagnose

Lagerbeständen mit Glykol versetzten Eiswein getrunken hat.
3. Zwischen Zahnärzten und dem Konstrukteur des Seehofer-Modells eingetretene Beziehungssituation.

Verriegelungsoperation Minutiös ausgeklügeltes Verfahren später Mädchen, beim ersten Dämmerschein Türen und Fenster dicht zu machen, damit niemand herein kann – selbst wenn wirklich noch einer kommen wollen sollte.

Verschlüsselung Kodierung, früher von Agenten und Geheimdienstlern genutzt, um brisante Mitteilungen in harmlos-banaler Weise zu verschleiern. Inzwischen ist die Verschlüsselung Pflichtfach auf Akademien für politische Bildung.

Vitalitätsprobe Von jungen Frauen dem älteren Heiratswilligen auferlegte Nachweispflicht der physischen Leistungsfähigkeit: Jus primae – et in dubio ultimae – noctis.

W

Wachsmesser Arbeitsgerät in Gartenbaubetrieben und der Landwirtschaft. Dient dem Schnitt von Wachsblumen und dem Ernten von Wachsbohnen.

Wackelzahn Maid, die mit ihrer Gunst zwischen zwei Bewerbern schwankt.

Wattierung 1. Einschiebung von Watteröllchen in die Backentaschen vor der Zahnbehandlung.
2. Auspolsterung der Schulterpartien von Kleidungsstücken leptosomer Menschen. In früheren Jahrzehnten auch von flachbusigen Frauen an anderer Stelle vorge-

Verriegelungsoperation

nommen. Wird bei diesen inzwischen durch die Gummierung ersetzt.
3. Durchqueren eines Watts (nur unter sach- und tidekundiger Führung ratsam).

Wechseljahre

1. Phasen des Zahnwechsels, für Zahnärzte vor allem lukrativ, wenn die dritten Zähne kommen.
2. Kontrapunkt zu den Flegeljahren. Während dort das Leben erst richtig beginnt, hört es mit den Wechseljahren für Männlein und Weiblein in bestimmten Bereichen endgültig auf. Die davon Betroffenen können nicht mehr eine Wechselbeziehung eingehen, weil sie der Wechselreiterei nunmehr unfähig sind, was allermeist Wechselgeld spart und die Wechselkasse schont. Menschen, die sich einsichtig der veränderten Situation anpassen (Wechselschalter), reißen das Wechselsteuer im Wechselstrom rechtzeitig herum, fallen daher nicht aus dem Wechselrahmen, sind insofern die richtigen Wechselwähler und genießen, weil sie auf den Wechselverkehr verzichten, bei Pietisten hohen Wechselkredit.

Weisheitszähne

Die letzten, oft erst im mittleren Lebensabschnitt durchbrechenden Mahlzähne (bei in Zivilisation lebenden Menschen mitunter nicht mehr angelegt. Beweis dafür, daß es dort geistig bergab geht). Auch sonst nicht der Weisheit letzter Schluß, weil sich bei ihren Trägern statt eines höheren Welt- und Seinsverständnisses oft Altersstarrsinn einstellt.

Wiederkäuer

1. Paarhufer mit Wiederkäuermagen.
2. Ständig dasselbe redender Mensch.
3. Person, die nach Einsatz einer Prothese wieder kauen kann.

Wechseljahre
HAT DEINE KLEINE FREUNDIN DICH AUCH SCHON SO GESEHEN?

Wurzelanker

Zwangsneurose, die bei Urlaubern und Fremdgängern auftritt. Die ersten Symptome sind eher unauffällig und beginnen damit, daß der Betroffene einen Ortswechel vornimmt, um an anderer Stelle vor Anker zu gehen. Danach kann es zu einer Überreaktion kommen, die den Erkrankten glauben macht, er könne in der neuen Umgebung Wurzeln schlagen. In der Regel ist ärztliche Behandlung nicht erforderlich, weil die Rückbesinnung auf die Realität ebenso schnell erfolgt, wie die Bewußtseinsveränderung sich eingestellt hatte: zum einen wenn die Urlaubskasse leer ist, zum anderen wenn der Fremdgänger wegen eingetretener Insolvenz oder eines Nachfolgers an die Luft gesetzt wird.

Wurzelrest

Nach dem Verzehr von Möhrengemüse oder -eintopf auf dem Teller verbleibender Speiserückstand.

Wurzelziehen

1. Vom Landvolk zum Ernten des blattlosen Organs der Sproßpflanzen betrieben. Da diese Tätigkeit in nach vorn gebeugter Körperstellung ausgeübt wird, führt sie häufig zu Rückenschmerzen und als Spätfolge zu Rückenkrümmung, der sogenannten Untertanenhaltung. Wurzelziehen wird deshalb in Wahljahren in besonderer Weise subventioniert.

2. Von Zahnärzten meist nicht beherrschte Rechenmethode.

3. Von Zahnärzten in der Regel perfekt beherrschter Abschluß der sogenannten Zwei-Stufen-Extraktion. Nachdem beim beabsichtigten Ziehen eines Zahns zunächst nur die Krone (Stufe eins) entfernt werden konnte, muß danach im zweiten Anlauf (Stufe zwei) schließlich die Zahn-

Wurzelziehen

wurzel freigelegt und gezogen werden, für den Zahnarzt das Wurzelwerk.

Würgereiz Stark aggressiver Trieb, einem mißliebigen Zeitgenossen an die Gurgel zu gehen.

X

Xanthippe 1. Weiblicher Partner mit Haaren auf den Zähnen. Kahlschlag (siehe dort) ist als Therapie ungeeignet, da die Haare auf Drittzähnen erfahrungsgemäß sehr schnell und noch stärker nachwachsen.
2. Im Raum Xanten gezüchtete, aber unter Tierhaltern kaum noch gefragte Ziegenrasse (weil das ständige Meckern der X. aufgrund verschärfter Lärmschutzbestimmungen häufig Nachbarschaftsklagen zur Folge hat).

Y

Yeti Vermutlich den Zahnlosen zuzuordnen. Legendärer, im Himalaya lebender Schneemensch (nicht zu verwechseln mit den in Wintersportgebieten grassierenden Skilehrern und Pistenhäschen), zuletzt von Reinhold Messner gesichtet. Entzog sich weiterer Betrachtung, indem er einen Zahn zulegte. Da es von Yetis nur Fuß-, aber keine Zahnabdrücke gibt, geht die Schulwissenschaft davon aus, daß sich dieselben in erster Linie durch Gletscherwasser und Schnee von gestern am Leben erhalten. Wobei letzterer über sie immer wieder in den Gazetten steht.

VIELLEICHT HÄTTE ICH DEN NAMEN SEEHOFER NICHT ERWÄHNEN SOLLEN...

Würgereiz

Zahnarme

Z

Zahnabdruck	Liegemulde, die eine gewichtige Partnerin im Zahnbett hinterlassen hat.
Zahnanlage	Mehrgeschossiges Haus mit Mietwohnungen, durch das der Zahnarzt einen Teil seiner Einkünfte renditebringend angelegt hat. Werden die Wohnungen modernisiert und als Eigentum verkauft, profitiert der Zahnarzt von einer Zahndoppelanlage.
Zahnarme	Zahnärzte, zu denen kaum noch Patienten kommen.
Zahnarzt	Früher ganzjährig geschütztes Wesen, dessen Schonzeit inzwischen mit Herbstbeginn abgelaufen ist. Hat der Zahnarzt in den ersten drei Quartalen fleißig gearbeitet, wird das von den Kassen als Überschuß bewertet und im letzten Quartal durch einen Unterschuß kupiert. Zahnärztekammern vertreten die Auffassung, Kassen seien hier ohne Anstand auf dem Anstand und das Ganze müsse als Schuß in den Ofen bewertet werden. Zahnärzte wiederum, im Weidmännischen meist unerfahren und auch sonst ganz und gar nicht Profitjäger, vertrauen – anstatt sich einer Treibjagd auszusetzen – im Herbst lieber ihrer guten Witterung: in Acapulco, auf den Bahamas, auf Hawaii oder den Seychellen. (Anmerkung der Redaktion: Es wäre ungerecht, hier nur die Kassen zu kritisieren, weil die Politik häufig danebenzielt und nicht mehr ins Schwarze trifft).
Zahnarztpraxis	Routine in der Berufsausübung, stellt sich, je nach Begabung, früher oder später ein.

Zahnärztekammer	Von Zahnärzten nach der Zulassung bewohntes, spartanisch ausgestattetes Wohngemach, das sie wegen der hohen Kreditschulden für die Praxiseinrichtung gerade noch bezahlen können.
Zahnbarsche	Unwirsche Menschen, die beim geringsten Anlaß die Zähne zeigen oder fletschen.
Zahnbelag	Vulgärausdruck (siehe auch Zahnfüllung).
Zahnbettschwund	Inventarverlust. Entsteht, wenn die abgängige Partnerin neben anderen Einrichtungsgegenständen auch die gemeinsame Liegestatt mitgenommen hat.
Zahnduell	1. Von Kontrahenten durch Lüften der Lefzen bewirktes Vorzeigen des Zahnbereichs, wird bei Hunde- und Katzenartigen von Knurren oder Fauchen begleitet. 2. Stereotype Dauergrinse bei zu einer Mißwahl angetretenen Personen, die außer den Zähnen meist auch andere Körperteile bloßlegen. Das Wahlergebnis der Jury wird von den nicht betroffenen Bewerberinnen in der Regel als Mißgriff empfunden.
Zahnfüllung	Derb, Bezeichnung aus dem Vokabular erotomaner Machos für den Beischlafvollzug.
Zahnheilkunde	Poetisches Nobelwort, Mitteilung (Kunde) des Zahnarztes, daß der Zahn nun gesund (heil) sei.
Zahnkrankheit	1. Ein Komplex unterschiedlicher von Depressionen bis zu Tobsucht reichender Verhaltensweisen, nachdem die Partnerin einen anderen vorgezogen hat. 2. Das sogenannte Schürzenjägersyndrom, ausgelöst durch die Manie, einen Zahn nach dem anderen raffen zu müs-

Zahnduell

	sen. Insofern vereinzelt auch schon bei Raffzähnen beobachtet.
Zahnlabor	Richtiger Zahnatelier, Künstlerwerkstatt, in der wahre Meister am Werk sind. Sie stellen Nachbildungen her, die das zuvor entfernte Original an Dauerhaftigkeit und Schönheit bei weitem übertreffen.
zahnlos	Anteilschein aus einem Lotteriespiel ohne Nieten, das es nur für Zahnärzte gibt. Für sie ist jede Ziehung gewinnbringend.
Zahnlücke	Nach der Entführung aus dem Serail von Selim Pascha empfundene Situation.
Zahnlücken	Vom Sultan beklagter Verlust nach dem Abgang mehrerer Sultaninen aus dem Harem.
Zahnpasta	Wer zählt die Marken, nennt die Namen, die alle in den Handel kamen, seitdem die Werbedemagogen mit dem Gespür von Psychologen bemüht sind, bei dem Fang nach Kunden, die Konkurrenz zu überrunden. Angeblich zu der Zähne Schutz haut jeder kräftig auf den Putz, wobei man auch mitunter liest, was klinisch schon getestet ist. Nur, wie das Testurteil gewesen, ist nicht ganz im Detail zu lesen. Dieweil der Zahnarzt müde kichert, ist mancher Laie verunsichert, was er, wenn er das Beste wolle,

Zahnlabor

wohl der Familie geben solle,
nicht ahnend, daß der Weisheit Schluß
nicht volle Zahnweißheit sein muß.
Denn Zahnweißheit wie Gletschereis,
die machen uns die Werber weis,
und so entpuppt sich mancher Werber
als dubioser Spielverderber,
weil, wenn du Bimszahnpasta nimmst,
dann auch der Schmelz bald abgebimst.
Danach bist du, ich sag' es offen,
nur noch t. b., total betroffen
und siehst auf Nimmerwiedersehen
die abgebimsten Zähne gehen,
dies, weil zu deinem Ungemach,
jemand mit falschen Zähnen sprach.
So merke denn: es ist von Nutzen
die Zähne häufiger zu putzen.
Auch wird der Zahnschmelz sehr solide,
wenn in der Zahncreme Fluoride,
und die sind fast in jeder Pasta,
deshalb nun mit der Werbung – basta!

Zahnrestauration Speiselokal, in dem Vollwertkost für Leute auf der Tageskarte steht, die noch richtig etwas zu beißen haben. Für Mümmelgreise nicht zu empfehlen.

Zahnsäckchen Bei Zahnärzten gebräuchlicher Ausdruck für Sparstrumpf.

Zahnschwund Auch Zahnverlust. Ausbleiben der zur Sicherung des Existenzminimums eines Zahnarztes erforderlichen Patienten.

Zahnschwund

Zahnwurm

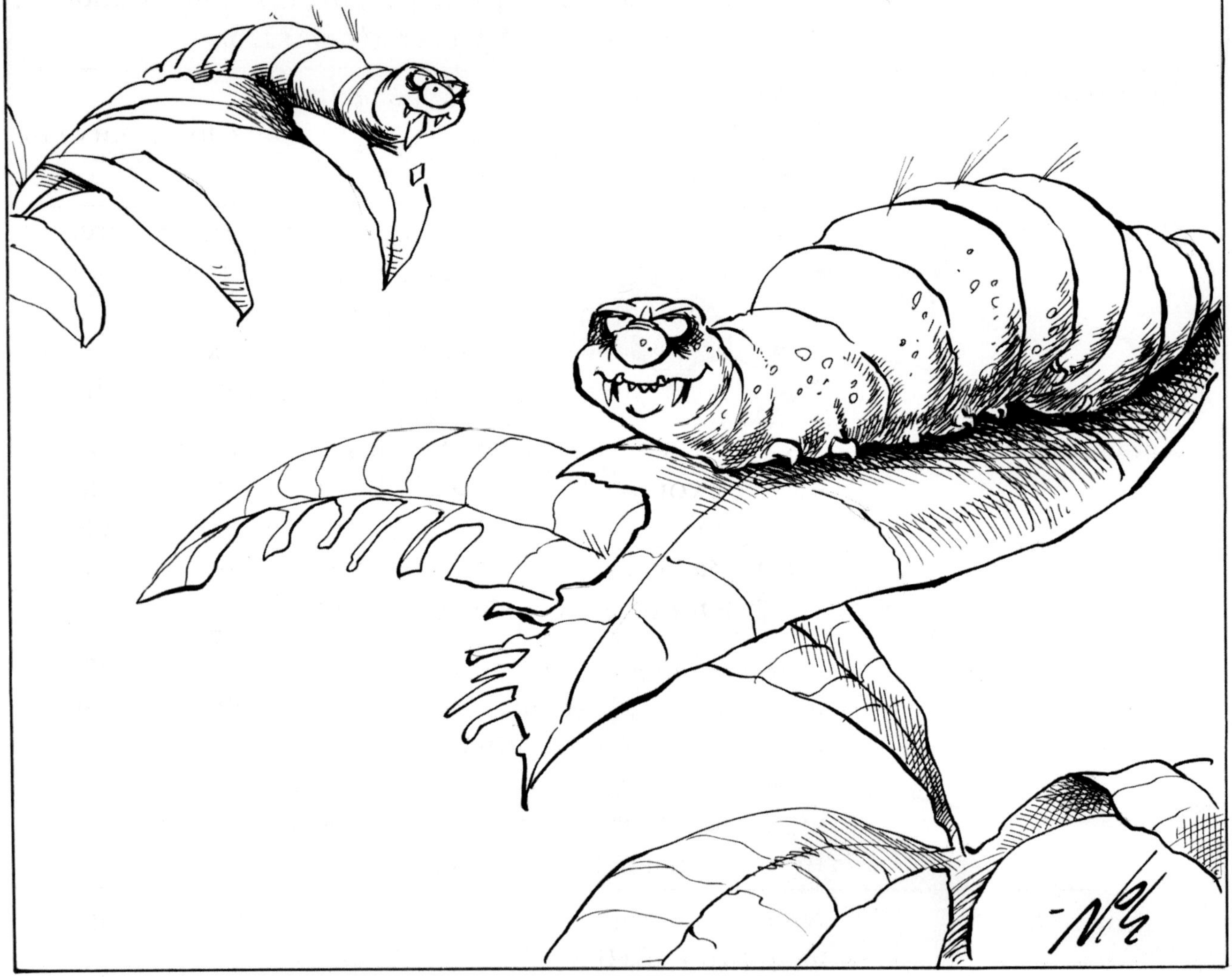

Zahnstein Vor der Erfindung des Kaugummis von Ausdauerathleten (z. B. auf dem Weg nach Marathon) im Mund gehaltener Kiesel, der den Speichelfluß anregen und dadurch Ermüdungserscheinungen vorbeugen sollte. Im Gegensatz zum Kaugummi, der zur heute weit verbreiteten Einwegware zählt, konnte der Zahnstein beliebig oft benutzt und von Generation zu Generation vererbt werden.

Zahntaube 1. Auf Samoa heimische Taubengattung.
2. Vollprothesenträger, deren Zahnersatz logischerweise schmerzfrei, also taub ist.

Zahntechnik Wird vor allem von Heiratsschwindlern, Vertretern, Schauspielern und Politikern mehr oder minder perfekt beherrscht: durch Lippenbewegung steuerbarer Gesichtsausdruck, reicht vom schadenfrohen oder hämischen Grinsen bis zum strahlenden oder sieghaften Lächeln.

Zahnteufel Fiktiver Dämon, wird Kindern als Verursacher von Zahnschmerz vorgegaukelt, bewirkt beim angesprochenen Personenkreis zumeist regelmäßige Zahnpflege. Da viele Erwachsene nicht an Dämonen glauben, haben sie häufig unter den Folgen ihres Unglaubens zu leiden.

Zahnwechsel 1. Dem Zahnarzt für seine Bemühungen zur Begleichung der Honorarforderung von Privatpatienten (Selbstzahlern) überreichtes Wertpapier.
2. Wege, die der weibliche Partner (wie das Wild) regelmäßig benutzt, etwa zum Friseur, Schönheitssalon, in die Boutique, zum Telefon oder Nebenbuhler.

Zahnwurm Naher Verwandter des Ohrwurms, urkundlich erstmals erwähnt durch Hildegard von Bingen (1098–1179), gilt in-

	zwischen als ausgestorben. Während der Ohrwurm mit dem Menschen durch Vermittlung angenehm empfundener Geräusche (Hits, Evergreens) eine dauerhafte Symbiose eingegangen ist, hat der Zahnwurm, weil schmerzerregend („Das wurmt mich!“), nicht überleben können. An seine Stelle ist der Zahnnerv getreten („Das nervt mich!“), gegen den der Zahnarzt mit der Nervnadel vorgehen kann. („Den Nerv werde ich ihnen ziehen!“) Danach ist der Patient in der Regel schmerzfrei, aber auch teilweise entnervt.
Zahnzwischenraumbürste	1. Utensil zur Mundreinigung, dessen Borstenstruktur es ermöglicht, auch die Räume zwischen den Zähnen zu säubern. Bei größeren Zwischenräumen genügt auch eine Handbürste. 2. Durch Unkenntnis zweckentfremdetes und damit in der Wirkung nicht überzeugendes Reinigungsgerät aus dem Sanitärbereich. Toilettenpapier ist weicher.
Zangengriff	1. In weiten Bevölkerungskreisen gefürchtetes Zupacken des Finanzministers an die Doppelenden eines Werkzeuges, mit dem die Steuerschraube angezogen wird. 2. Von Catchern geübtes beidarmiges Umfassen des Gegners. Werden dabei die Hände miteinander verbunden, kommt es zum Zangenschloß (siehe dort).
Zangenschloß	Von Einbrechern bevorzugte, den Sicherheitsbestimmungen nicht mehr entsprechende Schließvorrichtung, die mittels einer Zange aufgehebelt werden kann.
Zäpfchen	Darf vom Zahnarzt nicht berührt werden, weil beim Patienten Würgereiz (siehe dort) entstehen kann: Im menschlichen Rachenraum das zipfelförmige Ende des Gaumen-

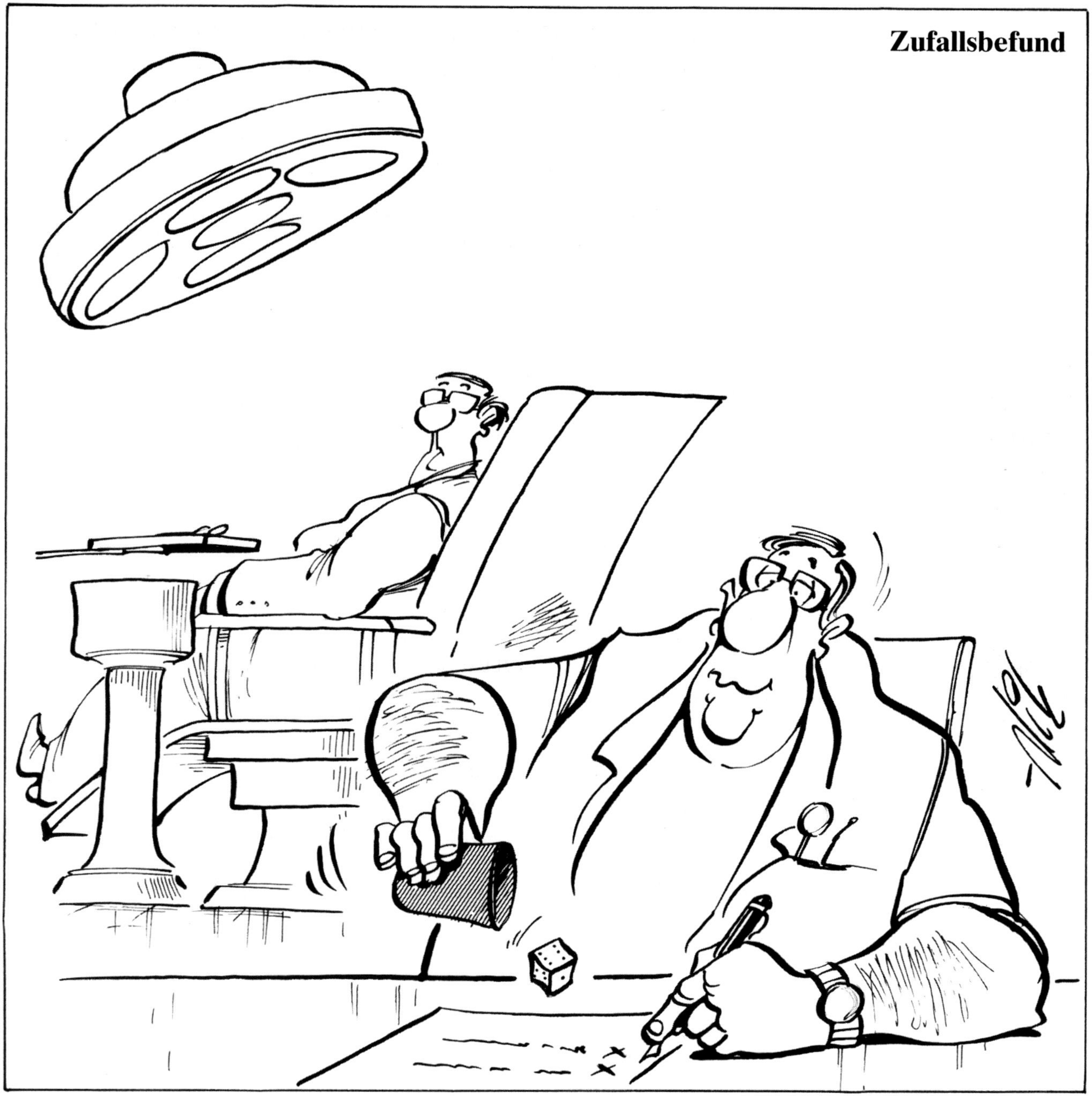
Zufallsbefund

	segels. Desungeachtet sind ärztlich verordnete Zäpfchen diametral einzuführen.
Zechen, zu zahlende	Vom Staat den nicht aktiv der Politik tätigen Bürgern verordnete Bringschuld.
Zufallsbefund	Häusliches Ärgernis, entsteht, wenn die Wohnungstür zugefallen ist, der Schlüssel innen steckt und man selbst draußen steht. Abhilfe schafft der Schlüsseldienst, der sich meist als teure Zufallsbekanntschaft entpuppt.
Zungengrund	In Gebirgsländern Niederung, in die eine Gletscherzunge mündet.
Zungenpfeife	Lausejungensignal, bewirkt durch zwei in den Mund gesteckte Finger und die der Mundöffnung angenäherte Zunge. Dabei erzeugt die stoßartig ausgetriebene verbrauchte Atemluft einen gellenden Pfeifton. Früher von Fußballschiedsrichtern zur Spielunterbrechung eingesetzt, heute bei diesen nicht mehr üblich, da sie die Hände zum Zeigen gelber und roter Karten frei haben müssen.
Zwischenkiefer Os Goethe	Os, lateinisches Wort, das aus dem Altindischen übernommen wurde, bedeutet Mund, steht aber auch für Rede, Sprache, Quelle, bezeichnet hier die gesammelten Werke des Dichterfürsten. Dieselben werden von auf Repräsentation bedachten Aufsteigern als Prachtausgabe zur Dekoration des Kaminsaales mit präziser Angabe der gewünschten, aber bis heute nicht lieferbaren Menge geordert: „Bitte drei Meter Goethe!“

ISBN 3-8231-0564-7

ISBN 3-8231-0135-8

ISBN 3-8231-0543-4

ISBN 3-8231-0126-9

ISBN 3-8231-0188-9

ISBN 3-8231-0176-5

ISBN 3-8231-0085-8

ISBN 3-8231-0166-8

ISBN 3-8231-0084-X

ISBN 3-8231-0139-0

ISBN 3-8231-0082-3

Fröh·li·che Wör·ter·bü·cher von A–Z

ISBN 3-8231-0189-7

ISBN 3-8231-0116-1

ISBN 3-8231-0173-0

ISBN 3-8231-0177-3

ISBN 3-8231-0105-6

ISBN 3-8231-0138-2

ISBN 3-8231-0096-3

ISBN 3-8231-0070-X

ISBN 3-8231-0159-5

ISBN 3-8231-0094-7

ISBN 3-8231-0179-X

ISBN 3-8231-0110-2

ISBN 3-8231-0081-5

ISBN 3-8231-0069-6

ISBN 3-8231-0162-5

ISBN 3-8231-0181-1

ISBN 3-8231-0545-0

ISBN 3-8231-0101-3

ISBN 3-8231-0190-0

ISBN 3-8231-0565-5

ISBN 3-8231-0120-X

ISBN 3-8231-0060-2

ISBN 3-8231-0137-4

ISBN 3-8231-0534-5

ISBN 3-8231-0121-8

ISBN 3-8231-0152-8

ISBN 3-8231-0157-9

ISBN 3-8231-0144-7

Jeder Band hat 96 Seiten mit 46 Karikaturen.
Format: 20,7 x 21 cm.
DM 19,80/ÖS 148,–

ISBN 3-8231-0079-3

ISBN 3-8231-0080-7

ISBN 3-8231-0114-5

ISBN 3-8231-0068-8

ISBN 3-8231-0113-7

ISBN 3-8231-0541-8

ISBN 3-8231-0544-2

ISBN 3-8231-0107-2

ISBN 3-8231-0128-5

ISBN 3-8231-0191-9

SBN 3-8231-0067-X

ISBN 3-8231-0112-9

ISBN 3-8231-0086-6

ISBN 3-8231-0078-5

ISBN 3-8231-0542-6

SBN 3-8231-0149-8

Fröh·li·che Wör·ter·bü·cher von A–Z

ISBN 3-8231-0548-5

ISBN 3-8231-0546-9

ISBN 3-8231-0147-1

ISBN 3-8231-0187-0

ISBN 3-8231-0167-6

ISBN 3-8231-1000-4

ISBN 3-8231-0077-7

ISBN 3-8231-0540-X

ISBN 3-8231-0088-2

ISBN 3-8231-0129-3

ISBN 3-8231-0143-9

ISBN 3-8231-0093-9

ISBN 3-8231-0098-X

ISBN 3-8231-0168-4

ISBN 3-8231-0119-6

ISBN 3-8231-0123-4

ISBN 3-8231-0134-X

ISBN 3-8231-0650-3

ISBN 3-8231-0163-3

ISBN 3-8231-0192-7

ISBN 3-8231-0076-9

ISBN 3-8231-0193-5

ISBN 3-8231-0164-1

ISBN 3-8231-0169-2

ISBN 3-8231-0170-6

ISBN 3-8231-0124-2

ISBN 3-8231-0539-6

ISBN 3-8231-0066-1

ISBN 3-8231-0092-0

ISBN 3-8231-0140-4

ISBN 3-8231-0194-3

ISBN 3-8231-0538-8

ISBN 3-8231-0091-2

ISBN 3-8231-0185-4

ISBN 3-8231-0090-4

ISBN 3-8231-0117-X

ISBN 3-8231-0566-3

ISBN 3-8231-0558-2

ISBN 3-8231-0568-X

ISBN 3-8231-0171-4

ISBN 3-8231-0065-3

ISBN 3-8231-0074-2

ISBN 3-8231-0097-1

ISBN 3-8231-0156-0

ISBN 3-8231-0109-9

Fröh·li·che Wör·ter·bü·cher von A–Z

ISBN 3-8231-0175-7

ISBN 3-8231-0064-5

ISBN 3-8231-0172-2

ISBN 3-8231-0567-1

ISBN 3-8231-0560-4

ISBN 3-8231-0535-3

ISBN 3-8231-0073-4

ISBN 3-8231-0174-9

ISBN 3-8231-0537-X

ISBN 3-8231-0111-0

ISBN 3-8231-0561-2

ISBN 3-8231-0559-0

ISBN 3-8231-0536-1

ISBN 3-8231-0183-8

ISBN 3-8231-0184-6

ISBN 3-8231-0151-X

ISBN 3-8231-0130-7

ISBN 3-8231-0158-7

ISBN 3-8231-0125-0

ISBN 3-8231-0131-5

ISBN 3-8231-0530-2

ISBN 3-8231-0531-0

Jeder Band hat 96 Seiten mit 46 Karikaturen. Format: 20,7 x 21 cm. DM 19,80/ÖS 148,–

ISBN 3-8231-0195-1

ISBN 3-8231-0141-2

ISBN 3-8231-0083-1

ISBN 3-8231-0150-1

ISBN 3-8231-0569-8

ISBN 3-8231-0145-5

ISBN 3-8231-0146-3

ISBN 3-8231-0115-3

ISBN 3-8231-0178-1

ISBN 3-8231-0118-8

ISBN 3-8231-0103-X

ISBN 3-8231-0570-1